ILLUSIONI OTTICHE

NON CREDERAI... AI TUOI OCCHI!

CREALIBRI

CE

CREALIBRI è un marchio EDICART Style
Via Jucker, 28 - Legnano (MI) - Italia
Titolo originale: *Optical illusions activity book*
Design e Illustrazioni di *Duck Egg Blue*
Traduzione dall'inglese di *Emma Lenzi*

www.edicart.it

INDICE

INTRODUZIONE

Puoi fidarti sempre di quello che vedono e ti mostrano gli occhi, vero? Sbagliato!
Gli occhi lavorano sodo per vedere il mondo che ti circonda, ma a volte possono essere ingannati e vedere cose che non ci sono.

Le illusioni ottiche funzionano proprio così. Sono immagini progettate per ingannarti. A volte giocano con l'interpretazione delle immagini da parte del cervello, altre confondono gli occhi, mentre si muovono per dare senso a un'immagine.

Impara tutti i diversi tipi di illusioni ottiche in questo libro e lasciati coinvolgere dalle attività strabilianti! Prendi i pennarelli, segui le indicazioni e crea tante magiche illusioni per stupire gli amici.

EFFETTI INCREDIBILI!

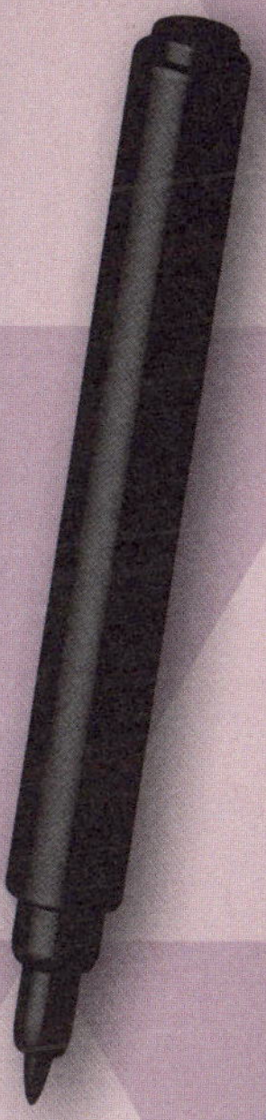

CAPITOLO 1
IMMAGINI IN MOVIMENTO

Questa serie di illusioni ottiche potrebbe farti girare la testa! Anche se sai che è impossibile che le immagini si muovano sulla pagina, le vedi invece spostarsi davanti ai tuoi occhi. Dai un'occhiata e osserva, ma fai una pausa se cominci ad avere il mal di mare!

DISEGNI PULSANTI

Guarda al **centro** di queste immagini.
Le vedi **pulsare** e muoversi **verso l'esterno**?

EHI, CHE SUCCEDE?

Gli occhi fanno dei minuscoli movimenti veloci e a scatti per cercare di dare un senso a questa immagine. Mentre gli occhi guizzano in giro, al cervello arrivano così tante informazioni, che si confonde e crede che sia l'immagine a muoversi invece degli occhi!

Colora con cura i quadratini bianchi nel disegno vuoto qui sopra. Vedi che l'immagine comincia a muoversi?

FORME ROTANTI

Perché sembra che l'inchiostro sulla pagina giri e rigiri?
Queste illusioni ti faranno... **girare la testa!**

Riesci a concentrarti sull'immagine abbastanza da trovare 7 differenze?

EHI, CHE SUCCEDE?

Gli scienziati credono che il contrasto tra i colori chiari accanto agli scuri dia l'illusione che queste immagini ruotino. Vedi il cerchio all'interno girare in senso antiorario e quello intermedio ruotare in senso orario? Guarda attentamente dove la linea nera si trova sopra ogni zigzag: ciò influenza la direzione percepita!

Copri metà dell'immagine con una mano:
il **movimento rallenta** o **addirittura si ferma**!

EHI, CHE SUCCEDE?

Coprendo parte dell'immagine, il sovraccarico di informazioni inviate al cervello sparisce, e così è più facile concentrarsi su una sezione.

RUOTE STRAMBE

Questa ruota panoramica è un vero **rompicapo**!
Perché, se la guardi, gira come se fosse vera?

Usa un righello per disegnare le linee mancanti della ruota. La vedi girare?

EHI, CHE SUCCEDE?

Ancora una volta, il contrasto di colori in questa immagine fa credere al cervello che la ruota si muova. Grazie alle linee nere che collegano le cabine alla ruota, sembra che l'immagine ruoti in senso orario.

Colora questi ***ingranaggi in movimento****! Riesci a farli girare?*
Segui la numerazione dei colori qui sotto.

1 = Giallo *2 = Blu* *3 = Rosa* *4 = Viola* *5 = Verde*

SPIRALI SCIOCCANTI

Le illusioni a spirale possono davvero scioccare! Alcune sono delle **vere spirali**, mentre altre danno questa **illusione**. Queste immagini sono delle **spirali** o una serie di **cerchi concentrici**?

Segui la linea nera con il dito. È una spirale vera?

Completa questo disegno riempiendo le linee grigie con un pennarello nero. Vedi l'illusione a spirale?

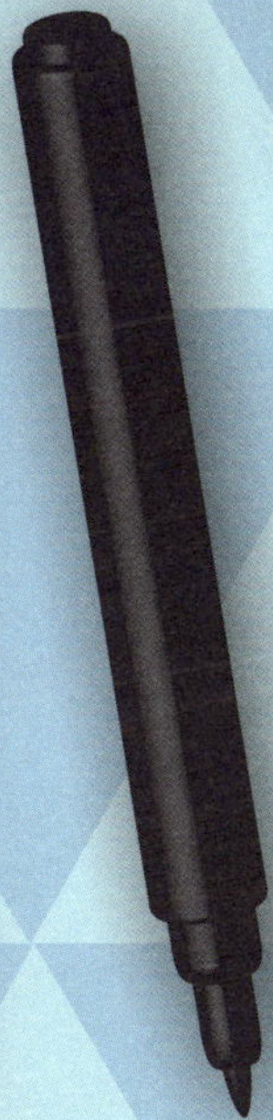

Le forme nere sono disposte in cerchi concentrici.

EHI, CHE SUCCEDE?

Nella prima immagine gli occhi e il cervello hanno difficoltà a seguire le linee per il contrasto e la vicinanza dei cerchi. Nella seconda immagine l'angolazione di ogni linea porta lo sguardo verso l'interno. Ma in realtà, non c'è nessuna spirale! Le linee nere sono disposte in cerchi concentrici.

CHE ONDE!

Questa immagine potrebbe davvero farti venire il **mal di mare**!
Vedi le linee **incresparsi** come le onde del mare?

EHI, CHE SUCCEDE?

Le onde di questo disegno sembrano incresparsi mentre le scorri con lo sguardo. I movimenti minuscoli che gli occhi fanno mentre processano le strisce bianche e nere contrastanti danno l'illusione del movimento.

Disegna delle onde! È possibile creare delle varianti di questa illusione con una semplice sagoma fai da te. Ti serviranno un pezzo di cartoncino, un foglio di carta, una matita e un pennarello nero.

❶ Disegna una linea lunga sul cartoncino.

❷ Chiedi a un adulto di aiutarti a ritagliarla con cura: è la sagoma per fare le onde.

❸ Posiziona la sagoma in fondo al foglio di carta e traccia un'onda sul foglio con la matita.

❹ Sposta la sagoma verso l'alto di circa 4 mm e disegna un'altra onda. Ripeti finché non avrai riempito la pagina di onde.

❺ Colora di nero o di un colore scuro una striscia sì e una no. Cancella tutti i segni di matita. Ora le onde si increspano?

Prova a spostare la sagoma su un angolo, così le strisce saranno più larghe su un lato man mano che procedi e creerai un'illusione di profondità maggiore!

OCCHI MISTERIOSI

Hai mai la sensazione di essere osservato? Con questa illusione l'avrai! Guarda l'immagine e ti sembrerà che gli occhi su questa pagina si muovano avanti e indietro.

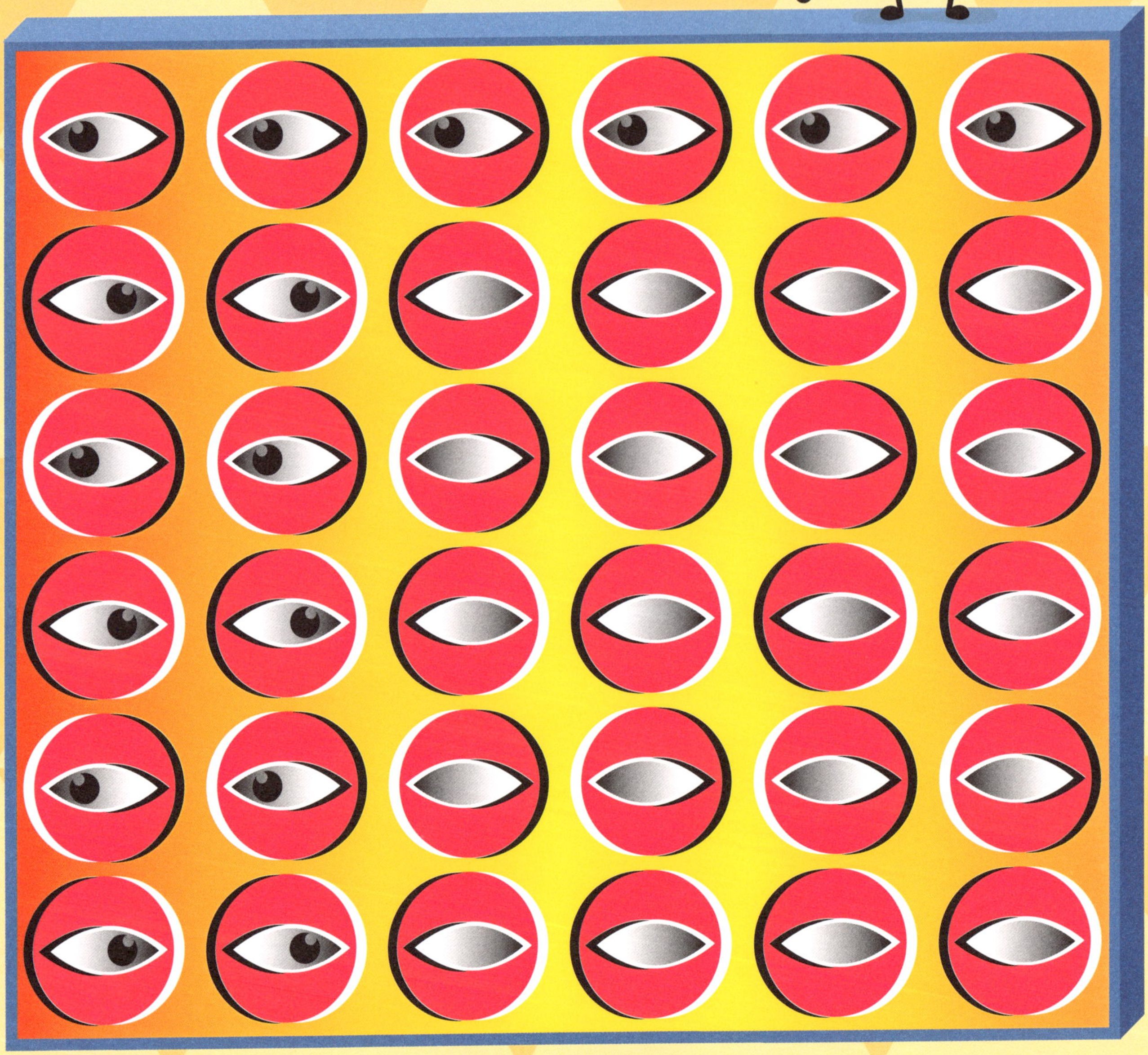

Disegna le pupille mancanti, ma segui il disegno con attenzione! Hai la sensazione che gli occhi sulla pagina ti guardino?

Colora questo disegno per completare l'effetto ipnotico. Adesso guarda l'immagine e vedi come il disegno ti attira verso l'occhio, poi verso il disegno e di nuovo verso l'occhio!

EHI, CHE SUCCEDE?

I disegni ripetuti e contrastanti ingannano il cervello, facendogli credere che qualcosa si muova mentre gli occhi osservano le immagini. Inoltre, gli esseri umani sono attratti dagli occhi, quindi queste illusioni ci affascinano davvero.

IMMAGINI FLUTTUANTI

Questo libro è fatto da singoli fogli di carta di un solo strato. Quindi, com'è possibile che qualcosa sembri fluttuare sopra questa immagine?

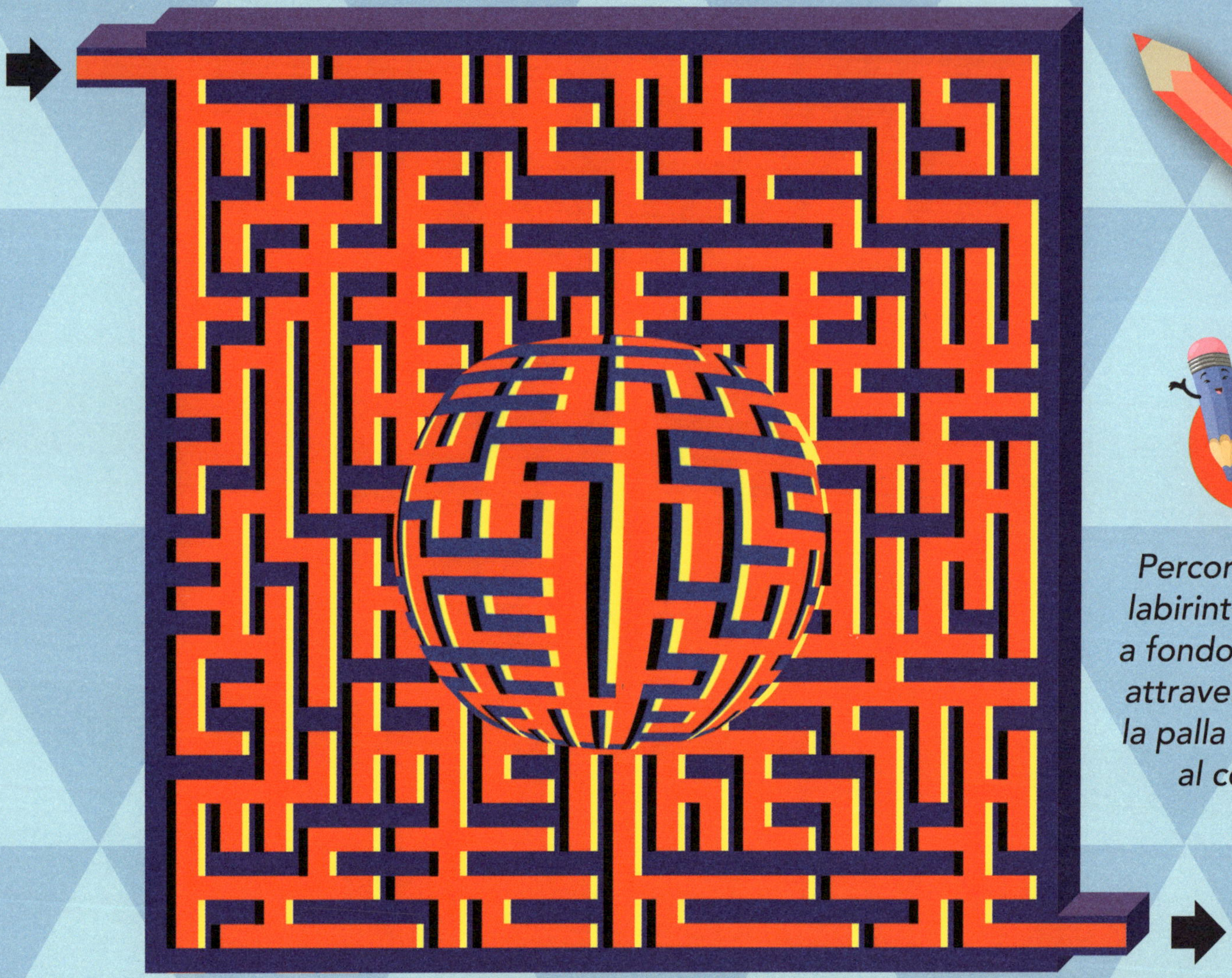

Percorri questo labirinto da cima a fondo. Riesci ad attraversarlo con la palla fluttuante al centro?

EHI, CHE SUCCEDE?

Il cambio di motivo tra lo sfondo e la palla fa sembrare quest'ultima su un altro livello rispetto allo sfondo. Guarda la palla mentre muovi la testa da una parte all'altra, e vedrai che sembrerà fluttuare ancora di più sullo sfondo.

CREA UN DITO FLUTTUANTE!

❶ Unisci le punte dei tuoi indici orizzontalmente, a 15cm dal corpo, davanti al viso e all'altezza degli occhi.

❷ Fissa gli indici, poi sposta lo sguardo su qualcosa oltre le dita, a circa uno-due metri di distanza, e apparirà un dito fluttuante!

❸ Prova ad avvicinare e ad allontanare le dita, e le dimensioni del dito fluttuante cambieranno.

EHI, CHE SUCCEDE?

Fissa un oggetto, poi copri gli occhi, uno per volta. Vedi l'immagine di fronte a te muoversi da una parte all'altra? Ogni occhio vede in modo leggermente diverso. Quando fissi qualcosa distante il cervello sovrappone le due immagini degli occhi in primo piano, e così si crea un dito fluttuante!

PERCHÈ SI INGRANDISCE?

Com'è possibile che un'immagine sulla pagina sembri **ingrandirsi senza sosta**? Guarda questi disegni per scoprirlo... Forza, provaci!

EHI, CHE SUCCEDE?

Questo disegno ce la mette tutta per confonderti. Prima i colori contrastanti sconvolgono il cervello, poi le linee appuntite e l'ombreggiatura al centro dirigono lo sguardo verso l'esterno. Il cervello è già così confuso, che crede che l'intera immagine si muova!

Colora di nero il cuore al centro di queste linee, più nero che puoi. Adesso sembra ingrandirsi quando lo fissi?

EHI, CHE SUCCEDE?

Vedi che le linee nere più vicine al cuore sono più grandi di quelle più distanti? Creano dei vuoti bianchi e stretti, che il cervello cerca di riempire e per farlo usa il nero della forma al centro, e così sembra che il cuore si espanda.

PERCHÈ SI RESTRINGE?

Più osservi queste illusioni, più sembrano **restringersi e allontanarsi**. Riesci a restringere anche le persone?

Traccia un percorso attraverso questo disegno, dall'esterno all'interno.

EHI, CHE SUCCEDE?

Proprio come le illusioni di ingrandimento, i colori contrastanti e le punte aguzze confondono il cervello e dirigono lo sguardo. Qui l'ombreggiatura scura all'esterno delle strisce blu crea un effetto di restringimento.

Crea una macchina restringente! Segui i passaggi e fai un disco che dia l'illusione che i tuoi amici si restringano davanti a te. Ti serviranno un pezzo di cartone, un pennarello nero e una matita appuntita.

1 Disegna un grande cerchio sul cartone e ritaglialo con cura.

2 Disegna una spirale nel cerchio, come questa sopra. Colorala con il pennarello nero, poi chiedi a un adulto di aiutarti a puntare la matita nel centro del cartone, con la punta verso il basso.

3 Ruota il disco in senso orario usando la matita. Fissa il centro della spirale e conta fino a 30.

4 Dai un'occhiata veloce all'amico: dovrebbe restringersi davanti a te!

Prova a girare il disco in senso antiorario e segui di nuovo il passaggio 4. Ora il tuo amico sembra ingrandirsi?

OP ART

L'optical art, abbreviata op art, è un'arte ottica che usa **linee e forme molto contrastanti** per creare delle illusioni ottiche. Un tempo era così popolare, che anche artisti famosi vi si cimentarono!

Colora con un pennarello nero le righe con i puntini. Ora vedi l'immagine balzare fuori dalla pagina?

EHI, CHE SUCCEDE?

Questa recinzione ispirata all'artista di illusioni ottiche Victor Vasarely gioca con la vista usando il contrasto tra il metallo e lo sfondo. La modellatura particolare delle sbarre dà l'illusione che le forme balzino fuori, ma in realtà sono piatte!

Completa il disegno per creare questa bellissima illusione di una mano in 3D che esce dalla pagina.

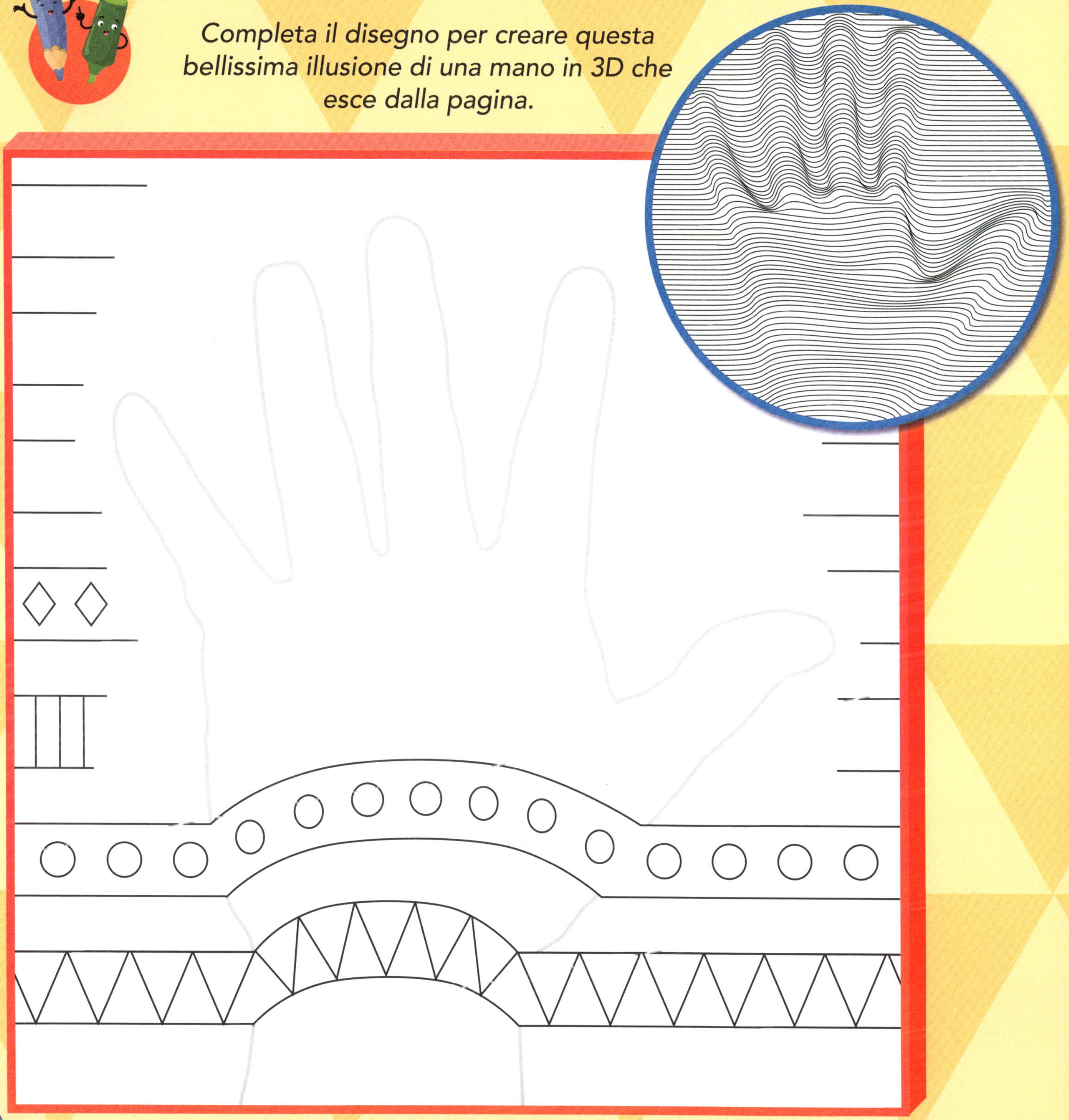

Mantieni dritti i motivi sulle linee che si incontrano con la mano, ma assicurati che questi motivi si curvino intorno alla forma della mano quando vi si trovano sopra, così creerai l'illusione del 3D.

ROTOLA VIA!

Stai attento o questa palla potrebbe rotolare via! Davvero? O forse sembra solo che fluttui e sia in movimento?

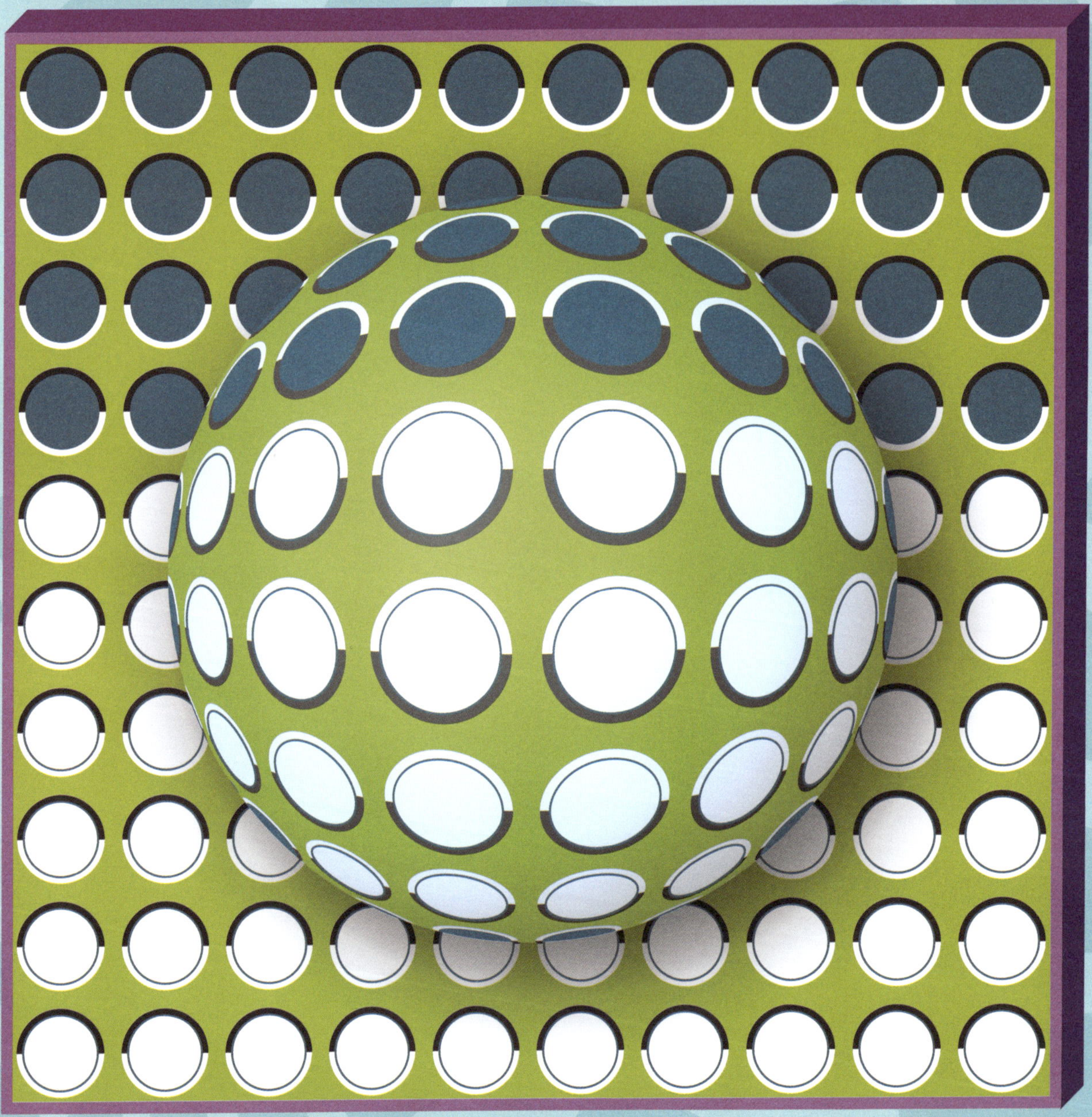

Colora i pallini bianchi per finire il disegno. Riesci a vedere la palla rotolare su per la pagina e lo sfondo scorrere verso il basso?

CAPITOLO 2
CI SEI CASCATO!

Tutte le illusioni ottiche sono progettate per ingannare gli occhi e il cervello, ma in questo capitolo si spingono oltre. Sono più di quello che sembrano... Osservale con attenzione e prova a scoprirle. Poi, inganna i tuoi amici!

FORME SFUGGENTI

Cosa vedi quando guardi questa immagine? È un disegno formato da cerchi, **triangoli** o da **stelle curve a sei punte**? Continua a guardare e forse cambierai idea!

Guarda di nuovo il disegno con attenzione e traccia un percorso per attraversarlo da cima a fondo. È difficile da vedere, ma è proprio lì!

Vedi **pile di cubi** o un motivo a **stelle a sei punte** nell'immagine qui sotto?

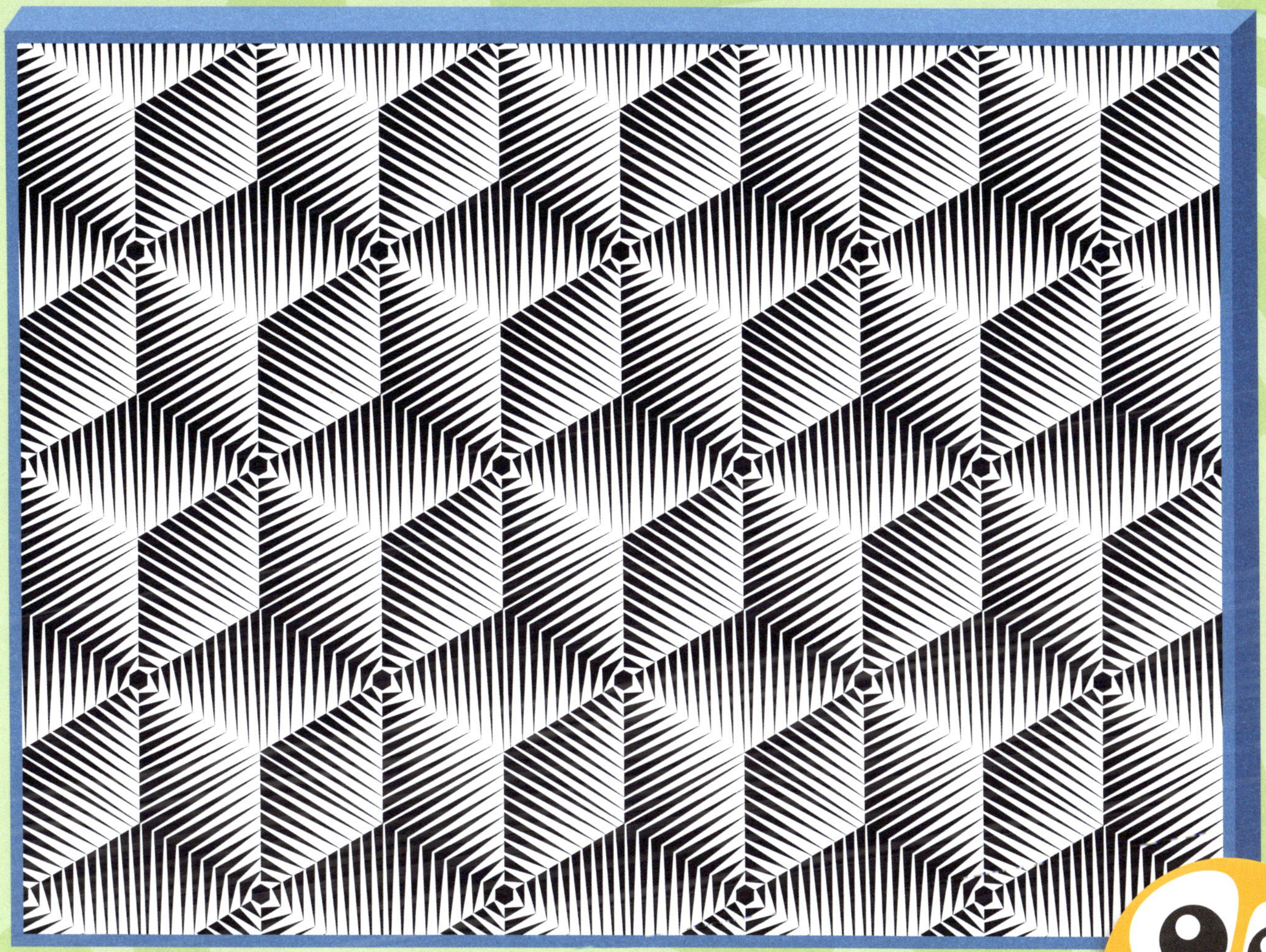

Usa i pennarelli e le matite per colorare ogni cubo di un colore diverso. Vedi ancora le stelle?

EHI, CHE SUCCEDE?

Queste illusioni mostrano quanto può essere flessibile il cervello. Possiamo vedere queste immagini in tanti modi diversi, così il cervello passa da una all'altra mentre cerca di capire cosa vediamo esattamente. Colorare il disegno aiuta il cervello a vedere i cubi molto più chiaramente delle stelle. Anzi, è proprio difficile vederle una volta che i cubi sono colorati!

CERCHI INDECIFRABILI

Sai com'è fatto un cerchio perfetto, vero? Ma sei sicuro di riconoscerlo in un **disegno sconcertante**?

EHI, CHE SUCCEDE?

Potrebbero non sembrare dei cerchi, ma lo sono... e anche perfetti! Il motivo sullo sfondo e gli stessi cerchi confondono il cervello, facendogli credere che gli anelli oscillino.

Crea delle curve sconvolgenti! Ti serviranno un compasso, un goniometro, un righello e un pennarello nero per disegnare un cerchio con delle linee rette.

❶ Disegna un cerchio perfetto con il compasso su un foglio di carta. Se non hai un compasso, puoi usare una tazza o un bicchiere grande.

❷ Con il goniometro misura e fai un segno ogni 10° sul cerchio, come qui sopra. Se non hai un goniometro, usa un righello per misurare questa distanza tutt'intorno al cerchio.

❸ Inizia dal segno proprio al centro e in basso, conta 9 segni verso destra e unisci i due segni con una linea retta.

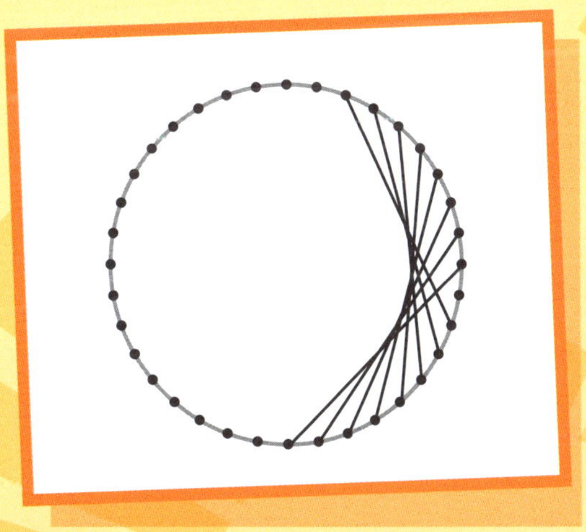

❹ 4 Spostati verso il segno a destra di quello da cui hai iniziato. Collegalo con una linea al segno accanto a quello con cui hai terminato nel passaggio 3. Continua così tutto intorno al cerchio, come sopra.

Ora che le linee fanno parte di un cerchio più grande, sono ancora rette? Guarda come hai creato un secondo cerchio perfetto all'interno dell'anello!

PUNTINI INGANNEVOLI

Queste illusioni sono proprio **ingannevoli**!
Vedrai dei puntini che non ci sono, colori sbagliati... Stai già impazzendo?

Scorri questa immagine con gli occhi. Quanti puntini vedi?

EHI, CHE SUCCEDE?

In realtà, in questo disegno non ci sono affatto dei puntini, ma sembrano apparire e sparire negli angoli tra i quadrati mentre scorri l'immagine con gli occhi. Il contrasto tra i quadrati rossi e le linee bianche inganna la vista, e così vedi dei puntini che non ci sono!

EHI, CHE SUCCEDE?

Ci crederesti che i puntini qui sotto sono grigi? Più li guardi e più ti sembrano verdi! Il disegno viola e rosso prevale e dà un tono di rosso ai puntini. E grazie a quella sfumatura, il cervello li vede verdi.

MISURE ILLUSORIE

Prova queste illusioni! Il contesto degli oggetti in queste immagini fa brutti scherzi al cervello. Misurali e guarda con i tuoi occhi!

❶ Puntino azzurro

Quale credi sia più grande in ogni coppia di immagini: A o B?

❷ Cerchio azzurro

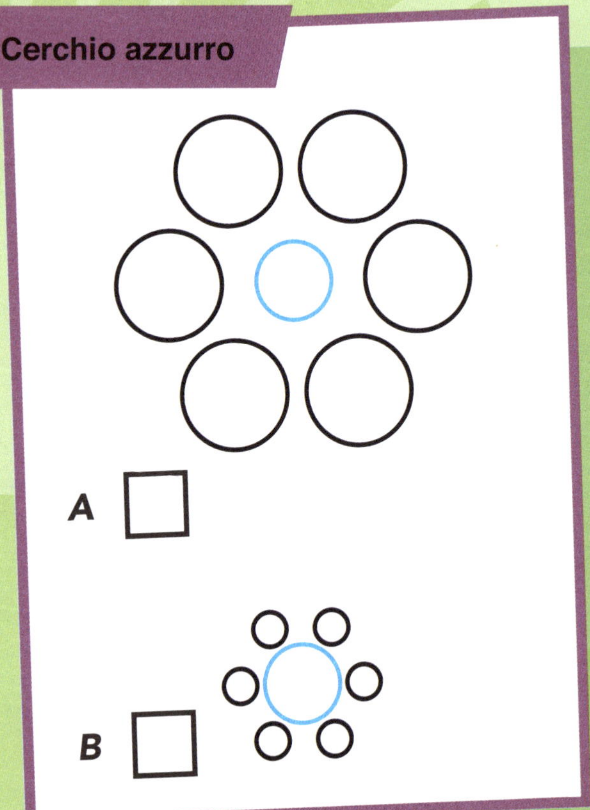

❸ Linee azzurre

❹ Archi

❺ Rettangolo bianco

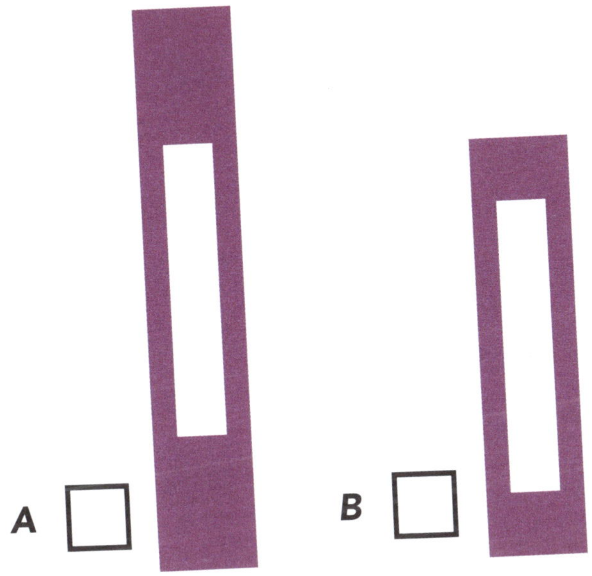

❻ Linee centrali

Ora controlla le risposte! Misura ogni oggetto con un righello. Qual è davvero più grande in ogni coppia?

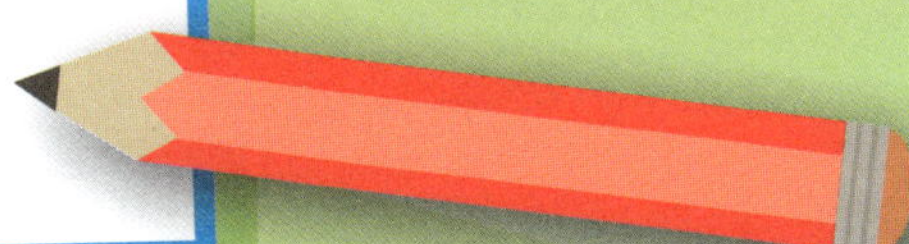

LINEE STORTE

Queste linee ti sembrano allineate? Sono dritte o storte?
È difficile dirlo con altre linee che confondono gli occhi e il cervello.

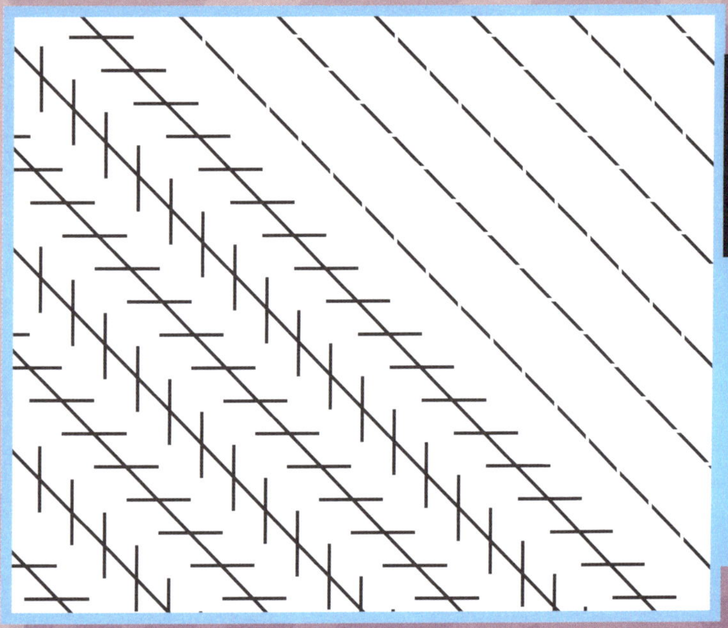

EHI, CHE SUCCEDE?

Le linee lunghe sono parallele l'una all'altra, ma una volta aggiunte quelle corte, non lo sembrano più! Gli angoli diversi di queste linee più corte fanno sembrare storte quelle più lunghe

Completa il disegno con delle linee corte. Che succede a quelle lunghe?

Le linee diagonali nella prima immagine sono allineate? Usa un righello per scoprirlo.

CHE SUCCEDE?

Questa illusione confonde anche gli scienziati! Credono che l'angolo della linea diagonale contro la verticale inganni il cervello, facendogli credere che la linea sull'altro lato sia più bassa di quanto lo sia.

Colora con un pennarello nero e con precisione ogni rettangolo segnato da un puntino.
Le linee orizzontali sembrano ancora orizzontali?

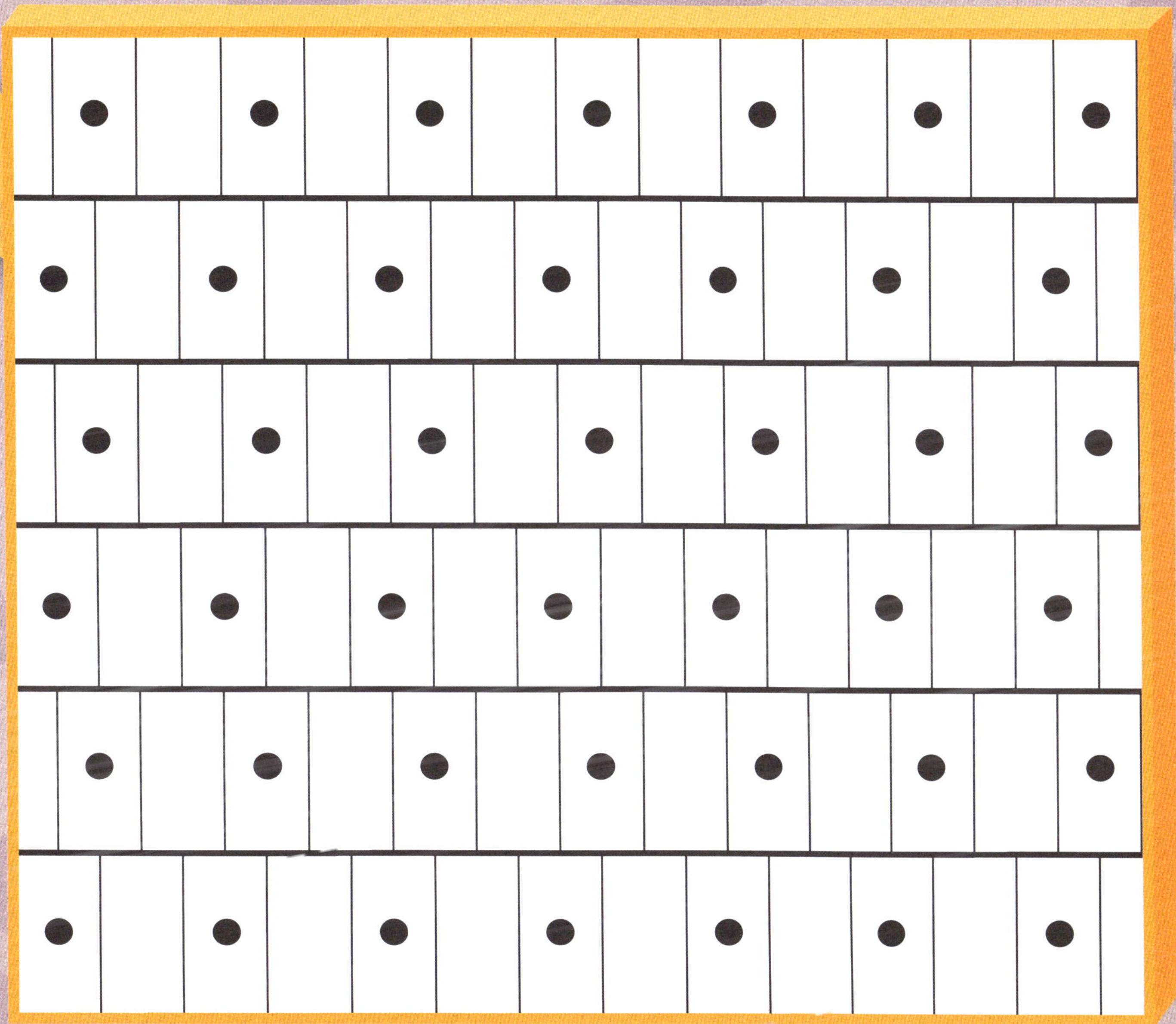

EHI, CHE SUCCEDE?

Hai visto che le linee erano perfettamente parallele, ma allora perché, ora che i rettangoli sono colorati, sembrano instabili? Lo schema a zigzag dei rettangoli fa sembrare le linee sbilanciate e il cervello le vede come se si inclinassero l'una verso l'altra.

LA PROSPETTIVA

Riesci a riordinare queste sagome? Queste immagini ti sembrano corrette? È tutta una questione di prospettiva...

Quale uomo è più alto? Usa un righello per scoprirlo.

EHI, CHE SUCCEDE?

Hai visto che tutti e tre gli uomini sono esattamente alti uguali? Le linee prospettiche sullo sfondo danno un'idea di distanza, facendo credere al cervello che l'uomo a destra sia più lontano e, quindi, più alto rispetto a quello a sinistra.

Gioca con la prospettiva e crea delle foto illusorie!

Nelle immagini qui sotto la ragazza è disposta in modo da far sembrare il fiore enorme, mentre la donna sorregge una piccola torre pendente di Pisa.

EHI, CHE SUCCEDE?

La prospettiva è il modo in cui gli oggetti 3D sono mostrati su una superficie piatta, spesso usando linee e profondità per trasmettere la dimensione relativa. Se giochiamo con questi elementi, il cervello si confonde molto!

Segui questi tre passaggi per fare una foto illusoria!

1. Inizia con una persona o un oggetto vicino alla macchina fotografica.
2. Disponi un'altra persona o un altro oggetto dietro e distante. Sposta la macchina finché non sono perfettamente allineati.
3. Adesso puoi scattare. Click!

QUIZ SUI COLORI

Mettiti alla prova con i colori! Dì i nomi dei colori qui sotto più velocemente di un amico, senza farti ingannare dalla **contraddizione** tra parole e colori ...

ROSSO	VERDE	ARANCIONE	NERO	ROSA	AZZURRO	VERDE
AZZURRO	GIALLO	VERDE	GIALLO	BIANCO	VIOLA	NERO
BIANCO	VERDE	ROSA	AZZURRO	ARANCIONE	AZZURRO	ROSA
ROSSO	GIALLO	ARANCIONE	NERO	BIANCO	ARANCIONE	VIOLA
ROSA	VERDE	AZZURRO	VIOLA	ROSA	GIALLO	AZZURR

Cronometra quanto tempo ci metti a dire correttamente tutti i colori di questi quadrati, ***NON le parole scritte all'interno.***

EHI, CHE SUCCEDE?

Il cervello non può fare a meno di leggere le parole mentre scorre i quadrati, quindi elabora due cose alla volta: il colore che vede e la parola che legge. Sono troppe informazioni! Il cervello si confonde e ha bisogno di più tempo per pensare a quello che c'è davvero.

IALLO	ROSA	ARANCIO	BLU	NERO	VERDE	ROSA
OSSO	VERDE	GIALLO	NERO	ARANCIONE	AZZURRO	ROSSO
NERO	AZZURRO	BIANCO	VERDE	NERO	GIALLO	AZZURRO
IALLO	ROSA	ARANCIONE	VIOLA	BIANCO	ROSSO	ROSA
ERDE	ARANCIONE	AZZURRO	ROSSO	NERO	AZZURRO	GIALLO

Ora cronometra un amico e scopri se è più veloce di te a dirli correttamente.

FORME INVISIBILI

Queste illusioni sono abilmente progettate per far vedere cose che non ci sono. Dopotutto, **l'invisibile** si dà da fare per essere visibile!

Disegna tutte le forme mancanti.

EHI, CHE SUCCEDE?

Il cervello completa le forme mancanti con facilità: usa gli indizi delle immagini che vede e riempie i vuoti utilizzando la loro conoscenza pregressa. Per esempio, nell'immagine in alto il cervello collega le tre punte ritagliate da ogni cuneo in una forma a triangolo.

Disegna delle forme invisibili!

❶ Inizia disegnando a matita un quadrato con tratto leggero. D'ora in poi non disegnare niente al suo interno.

❷ Disegna con un pennarello un altro quadrato a 45° dietro il primo, senza invaderne l'area.

❸ Disegna delle forme o dei motivi in tinta unita agli angoli del quadrato fatto con il pennarello.

❹ Cancella i segni a matita del primo quadrato e scopri se un amico vede la forma invisibile che hai pensato!

CHE FACCIA!

Questi volti sono solo capovolti... o no?
Guarda con più attenzione e scopri se il cervello è stato ingannato da queste **foto illusorie**.

Capovolgi la pagina. Cosa noti?

EHI, CHE SUCCEDE?

Quando un volto è nel verso giusto, il cervello lo osserva tutto in una volta; quando è capovolto, il cervello guarda ogni parte individualmente. Se gli occhi, la bocca e il naso sembrano al loro posto, per il cervello è un volto normale. Ma se capovolgi la pagina, vedrai che non lo è affatto! In realtà, alcune caratteristiche sono state rovesciate in queste illusioni da capogiro.

Trova 5 differenze tra queste immagini ingannevoli e sottosopra.

È IN 3D?

È quasi impossibile vedere qualcosa in 3D su una pagina piatta, a meno che non si tratti di un pop-up o di realtà virtuale. Ma queste illusioni ti fanno credere che **qualcosa balzi fuori dalla pagina**. È possibile?

EHI, CHE SUCCEDE?

In questa immagine sembra proprio che l'elefante stia uscendo dalla cornice. L'uso intelligente della prospettiva e il realismo dell'elefante ingannano il cervello nel vedere l'effetto 3D. L'elefante interagisce anche con la cornice stessa: le sue zampe posteriori sono all'interno e quelle anteriori all'esterno!

Disegna la cornice alla quale quest'uomo si aggrappa mentre esce dall'immagine. Da cosa potrebbe scappare? Disegna la scena da cui sta fuggendo all'interno della cornice.

INGANNA I SENSI

La vista non è l'unico senso che può essere ingannato. Insieme a un amico, prova a ingannare il tuo senso del tatto con questo semplice test.

1 Mettiti di fronte all'amico e unite i palmi.

2 Con l'altra mano, accarezza entrambi gli indici allo stesso tempo. Cosa senti? Il tuo indice dovrebbe essere intorpidito! Ora è il turno dell'amico di accarezzare.

EHI, CHE SUCCEDE?

Poiché non puoi sentire la sensazione di accarezzare l'indice dell'amico, il cervello non si aspetta che tu la senta anche sull'altro dito della coppia. Anche se sai di sentire bene con il tatto, provi una strana sensazione di intorpidimento!

CAPITOLO 3
L'IMPOSSIBILE!

Le illusioni che hai visto finora sono incredibili; però, se le osservi con attenzione, di solito hanno un senso. Ma le illusioni in questo capitolo no! Più le guardi e più ti accorgerai che sono proprio impossibili. La tua mente sarà semplicemente... sbalordita!

UN TRIANGOLO ILLUSORIO

Il **triangolo di Penrose** è una delle forme impossibili più note e ti farà impazzire mentre proverai a risolverlo. Riesci a costruirne uno e ingannare un amico?

Ripassa questi triangoli con le dita. Tornano? Riesci a costruirne uno con i mattoncini o i dadi?

EHI, CHE SUCCEDE?

Questa forma sembra un triangolo tridimensionale, ma se la segui, noterai che a ogni angolo un lato sparisce dietro l'altro. Quindi, gli angoli non tornano! Questo triangolo non potrebbe esistere come oggetto 3D.

Disegna un triangolo illusorio usando linee, cerchi e ombreggiature... e inganna gli amici!

❶ Disegna a matita con tratto leggero un triangolo guida con tre lati uguali. La base del triangolo deve essere in alto.

❷ Disegna un cerchio a ogni angolo, che diventerà una sfera. Cancella il triangolo guida.

❸ Disegna un tubo dal cerchio in alto a sinistra a quello in alto a destra, che dovrebbe partire dal centro del cerchio a sinistra e finire sul bordo del cerchio a destra, come vedi sopra. Arrotonda l'estremità del tubo sul primo cerchio per un effetto 3D.

❹ Ripeti il passaggio 3 per disegnare un tubo dal cerchio in alto a destra a quello in basso. Fai lo stesso sull'altro lato.

❺ Colora con un pennarello i tubi; assicurati di colorare al di là della linea del cerchio da cui parte il tubo..

❻ Aggiungi delle ombreggiature allo stesso lato delle sfere e dei tubi per un effetto 3D.

FORME IMPOSSIBILI

Puoi creare tutti i tipi di forme impossibili, proprio come hai fatto per il triangolo illusorio. Le **impossibilità sono infinite!**

EHI, CHE SUCCEDE?

Come il triangolo di Penrose, queste forme non possono esistere in 3D. Sembrerebbero tornare (le forme stesse sono abbastanza normali), ma gli angoli e le linee sono in posizioni sbagliate.

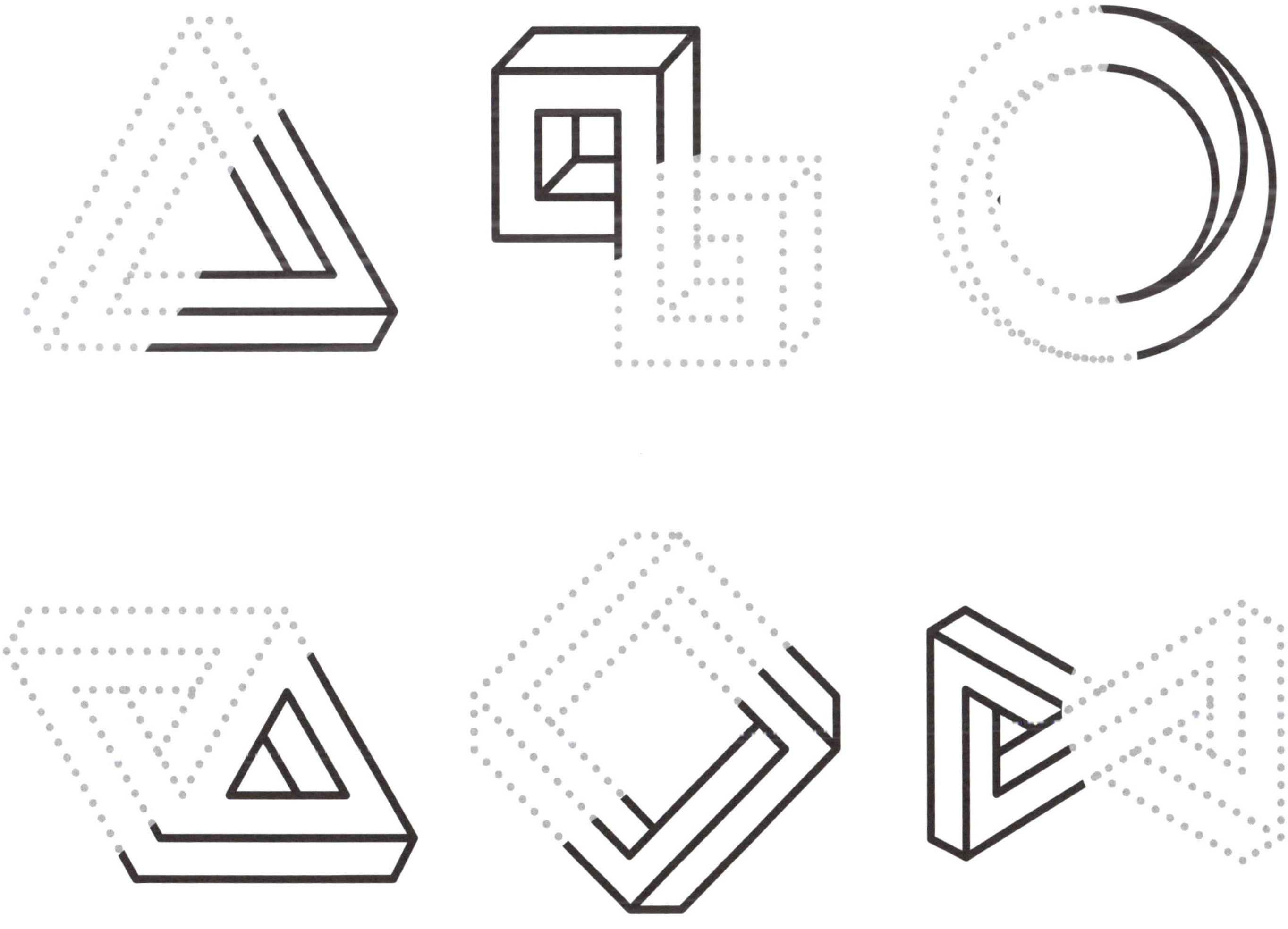

Ripassa le linee tratteggiate e scopri tutte le figure impossibili.

CHE MAGIA!

Guarda con attenzione queste immagini. Potrebbero esistere nella realtà, come modelli 3D? No, sono dei **modelli impossibili**!

Disegna con una matita un cubo come questo.

EHI, CHE SUCCEDE?

Queste immagini giocano con la prospettiva, l'ombreggiatura e le aspettative del cervello su come questi oggetti dovrebbero funzionare. Per esempio, alcune parti di questo cubo passano dietro ad altre dove non dovrebbero. In un modello realistico, queste parti dovrebbero piegarsi e girare intorno alle altre, ma nell'immagine sono dritte. Il cervello vuole credere che il cubo sia reale, e quindi si confonde molto cercando di risolverlo!

Cancella le parti frontali indicate qui sopra e ridisegnale, così che appaiano dietro quelle posteriori. Hai realizzato il cubo impossibile!

Colora di rosso i quadrati bianchi per vedere questo modello impossibile.

La struttura qui sotto ha senso?

Segui il percorso con il dito: inizia dalla cima della scala. Spostati a sinistra verso l'albero. Gira verso il basso fino in fondo alla scala. Sei ancora sullo stesso livello? Come fa l'uomo a salire? È impossibile!!

SCALE IRREALIZZABILI

Hai mai la sensazione di girare in tondo e di non arrivare da nessuna parte? L'avrai con queste **scale irrealizzabili!**

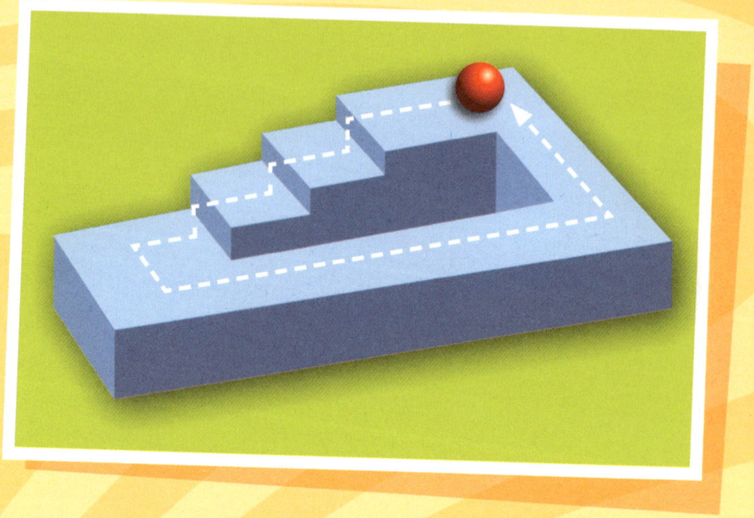

Ripassa i percorsi giù per queste scale. Hanno senso?

EHI, CHE SUCCEDE?

Hai notato che queste scale portano sempre al punto di partenza? Se provassi a farle, le scenderesti all'infinito! La prospettiva intelligente e l'ombreggiatura sulle immagini fanno sì che tutte le scale sembrino andare verso il basso quando le segui, ma sai che è impossibile. Devono avere un inizio e una fine.

EHI, CHE SUCCEDE?

L'artista István Orosz combinò varie prospettive per creare questa immagine impossibile. Vedi come, grazie alle persone sopra, la parete posteriore sembra piatta come il suolo? E come ce ne sono altre che sembrano sia salire che scendere la grande scala frontale? Il tutto funziona insieme per far sì che sia impossibile capire dove porti la scala!

PROSPETTIVA INCREDIBILE

È impossibile mettere le cose in prospettiva con queste immagini illusorie! Guarda ch
succede quando le **prospettive si mescolano**. È incredibile!

Colora le due ombre in questa immagine. La striscia grigia è una strada o un muro?

EHI, CHE SUCCEDE?

L'ombra dell'uomo a sinistra sembra che vada verso l'alto, facendo sembrare la striscia grigia un muro. Ma l'ombra dell'uomo a destra suggerisce che stia attraversando una strada. Questa mescolanza di prospettive nello stesso spazio crea un'immagine impossibile!

EHI, CHE SUCCEDE?

Le due prospettive diverse usate in questa foto fanno sorgere delle domande. Dov'è il suolo? Nella realtà potrebbe essere una stanza? Cosa ne pensi?

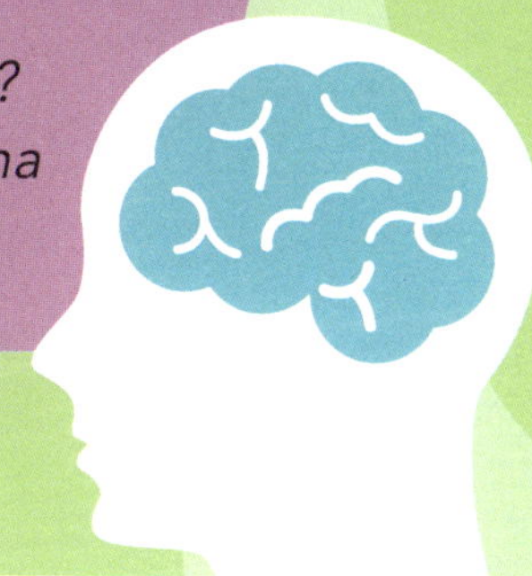

Crea un'incredibile illusione prospettica!

1. Incolla degli oggetti sul fondo di una scatola da scarpe, come dei mobili di una casa delle bambole o delle sedie fatte di carta. Lascia asciugare.

2. Volta la scatola su un lato. Come prima, incolla gli oggetti sul nuovo fondo. Da quale parte è l'alto ora?

TRIDENTE IMPRESSIONANTE

Ripassa con le dita questi oggetti impossibili.
Riesci a dare loro un senso?

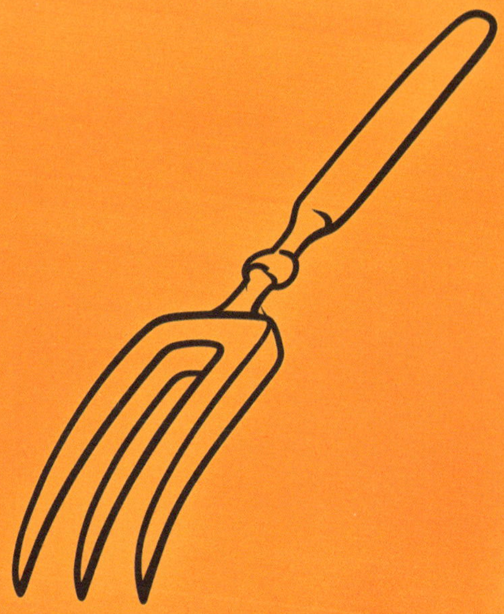

Conta le punte all'estremità di questa forchetta e poi conta i denti attaccati al manico. Sono lo stesso numero?

EHI, CHE SUCCEDE?

Questa forchetta sembra avere 3 punte all'estremità, ma solo 2 denti attaccati al manico. È nota come forchetta impossibile o blivet. I bordi esterni delle punte aguzze diventano i bordi interni dell'altra estremità. Lo stile di questo disegno impossibile funziona anche per altri oggetti: lunghe barre, pilastri e perfino per gli animali!

Disegna un elefantridente. Quante zampe riesci a contare?

❶ Disegna la testa dell'elefante con un grande orecchio, un occhio, due zanne e una lunga proboscide curva che penzola fino a terra.

❷ Disegna il corpo dell'elefante: Traccia una linea da dietro l'orecchio fino alla zampa posteriore. Aggiungi la pancia e la parte superiore di una zampa anteriore.

❸ Usa le linee della zampa anteriore che hai iniziato a disegnare per creare altre due zampe, come qui sopra.

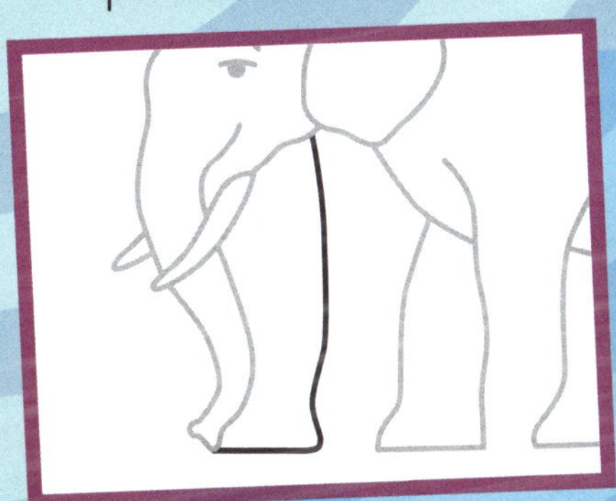

❹ Disegna una zampa proprio dietro la proboscide, usandone il retro come parte anteriore della zampa.

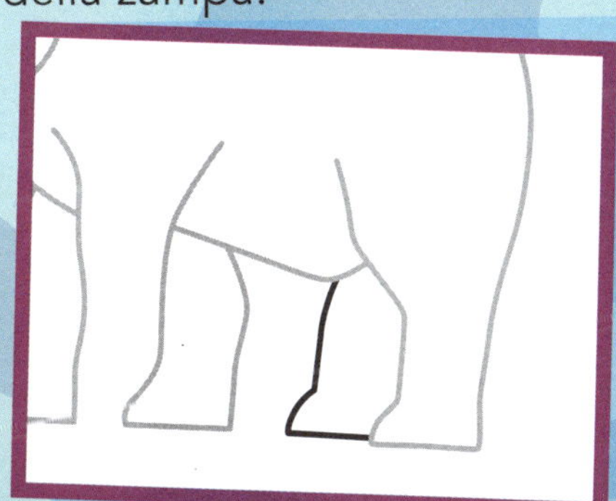

❺ Disegna una zampa proprio davanti a quella posteriore, come qui sopra. Anche se è una posizione naturale, per questo elefante impossibile diventa una quinta zampa!

CHE PASTICCIO!

Anche queste immagini di animali sono impossibili, proprio come il blivet. Non hanno... **né capo né coda**!

Prova a colorare i cani e i gatti su questa pagina. Che accade?

EHI, CHE SUCCEDE?

Se provi a colorare questi animali, dovresti scoprire che le teste e le code non sono allineate, ma sono una accanto all'altra! A colpo d'occhio, le immagini funzionano perché te lo aspetti e le molte linee confondono il cervello, ma se le guardi da vicino, ti accorgi che non sono affatto giuste!

Ripassa le linee tratteggiate per creare dei serpenti ingannevoli. Disegna loro anche gli occhi!

EHI, CHE SUCCEDE?

Guarda con attenzione questa immagine basata sull'arte di René Magritte. Il cavallo si trova tra gli alberi o davanti a loro? O in entrambe le posizioni? Per confondere il cervello, l'artista gioca con le aspettative di come questa immagine dovrebbe apparire.

DUE TESTE

Si dice che due teste siano meglio di una... Ma è vero quando c'è un solo corpo? Cosa ne pensi di queste **immagini impossibili**?

EHI, CHE SUCCEDE?

Grazie all'angolazione della macchina fotografica, sembra che questi animali abbiano due teste! Sai che non può essere vero, ma sobbalzerai davanti a questo punto di vista. In realtà, un corpo è quasi perfettamente nascosto dietro l'altro.

Ricrea questa bella foto illusoria con gli amici.

1. Chiedi a un amico di mettersi di fronte a te, che scatterai la foto.

2. Domanda ad altri amici di nascondersi dietro l'amico davanti a te e di allungare le braccia in varie direzioni. Assicurati che non si vedano altri corpi e teste quando scatti la foto!

FOTO PAZZE

Se posizionati bene, macchine fotografiche, specchi e persone possono ingannarti, e queste foto impossibili ne sono l'**esempio perfetto!**

EHI, CHE SUCCEDE?

Si possono creare delle foto impossibili con alcuni trucchetti. Nella prima foto un secondo bambino è sotterrato nella sabbia, ma il cervello ne vede uno che tiene la sua testa! Nelle due foto a destra il riflesso dello sfondo su uno specchio sostituisce il busto della ragazza nella foto in alto e il volto di un'altra ragazza in quella in basso; sembra che a tutt'e due manchi qualcosa.

1

2

3

4

5

6

In quale foto stramba la ragazza è diversa?

MAGIA CON L'ACQUA

Anche nella realtà ci sono cose impossibili. Prova questi trucchi e vedi la magia con i tuoi occhi!

EHI, CHE SUCCEDE?

Questa illusione ottica impossibile può essere spiegata in termini scientifici. I raggi di luce rallentano quando viaggiano dall'aria all'acqua, proprio come noi camminiamo più lentamente nell'acqua. I raggi si piegano, facendo sembrare così anche la matita!

Metti una matita in un bicchiere trasparente d'acqua. Vedi come appare subito sfalsata?

Fai cambiare direzione a una freccia! Per questo trucco ti serviranno un pezzo di cartoncino, un pennarello nero, un bicchiere trasparente e una caraffa d'acqua.

❶ Con il pennarello nero, disegna una freccia spessa che punta a sinistra del cartoncino.

❷ Metti il cartoncino dietro il bicchiere. Stai in piedi o in ginocchio per guardare direttamente la freccia.

❸ Chiedi a un adulto di versare lentamente l'acqua della caraffa nel bicchiere.

❹ Cosa vedi mentre l'acqua sale sopra la freccia dietro? La freccia dovrebbe cambiare subito direzione!

DISTORSIONE ARTISTICA

Gli artisti giocano con la **prospettiva e il punto di vista** per creare delle opere molte strane se osservate frontalmente, ma perfette se viste dalla giusta angolazione!

EHI, CHE SUCCEDE?

Questo vecchio dipinto appare molto distorto se osservato frontalmente, ma se visto di lato, è normalissimo!

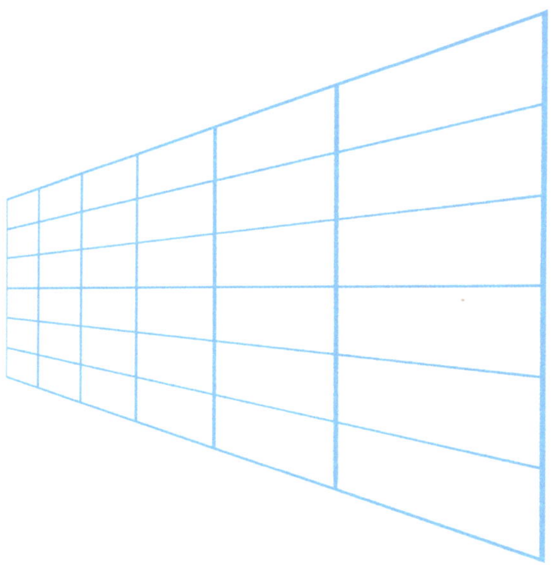

Copia questa testa di leone sulla griglia allungata, prolungando le linee per adattarle a ogni quadrato corrispondente. Ora guarda l'immagine dal lato più corto. Sembra ancora distorta?

CAPITOLO 4
QUESTO O QUELLO?

Questo capitolo è ricco di immagini enigmatiche: alcune ne contengono altre all'interno della stessa immagine, altre combinano immagini diverse in una, e altre ancora devono essere capovolte! Tutto dipende dalla tua messa a fuoco. Vedrai questo... o quello?

PAPERA O CONIGLIO?

In questa classica immagine **"questo o quello"** vedrai due diversi animali a seconda della messa a fuoco. Prova a ricreare la stessa illusione con le ombre cinesi e stupisci gli amici!

Che animale vedi se guardi a sinistra? E, invece, se guardi a destra?

EHI, CHE SUCCEDE?

Il cervello non può processare due immagini contemporaneamente, quindi passa da una all'altra. Prima vede una papera, poi un coniglio, di nuovo una papera, e poi un coniglio… eccetera!

Ricrea la stessa illusione usando le mani e le ombre.

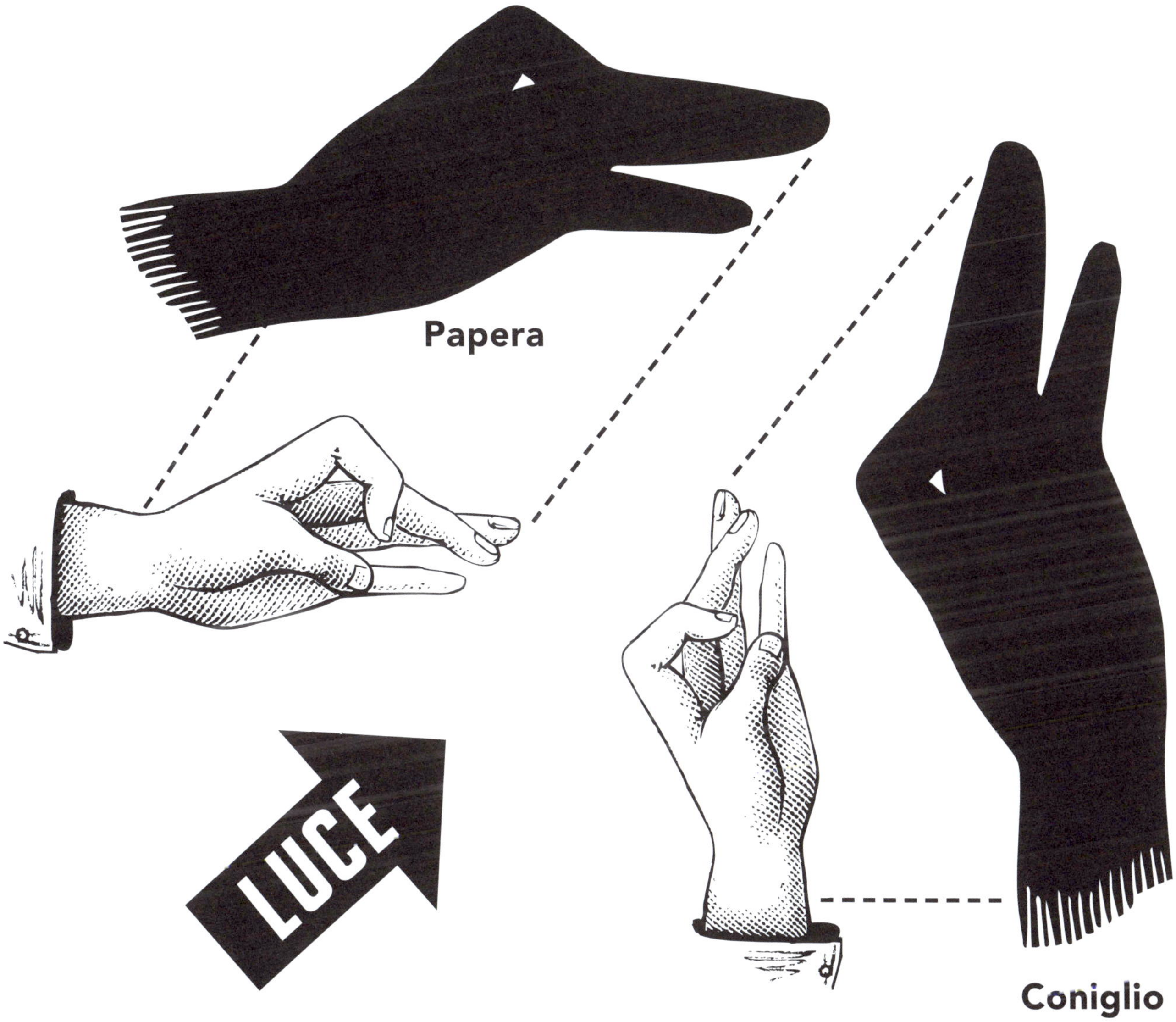

❶ Fai luce su un muro. Metti una mano davanti alla luce e copia la posizione delle dita qui sopra per fare una papera.

❷ Mantieni la posizione delle dita, gira la mano con il braccio verso l'alto. La papera è diventata un coniglio!

❸ Ora prova queste ombre con un amico… chissà se indovina che animale è!

VECCHIO O GIOVANE?

Un'altra classica illusione "questo o quello" è una giovane donna che invecchia di colpo: più gli occhi vagano sull'immagine, più la donna si trasforma.

Vedi una donna che si volta o una vecchia dal mento allungato? O entrambe?

Cosa vedi in questa immagine? Un vecchio o una giovane coppia?

EHI, CHE SUCCEDE?

Queste immagini sono progettate per sembrare due cose e il cervello passa da una all'altra mentre tenta di processarle.

Questa immagine ritrae sicuramente una giovane donna, giusto?
Capovolgi la pagina: adesso cosa vedi?

VOLTO O VASO?

Questa illusione gioca con lo **sfondo e il primo piano** per confondere il cervello. Cosa è cosa? Riesci a scoprirlo?

Colora con un pennarello nero la forma a sinistra del disegno sotto per creare un'immagine a specchio. Adesso cosa vedi?

E questa immagine qui sopra? Vedi altro oltre a un vaso?

EHI, CHE SUCCEDE?

In queste immagini il vaso al centro è progettato con cura per far sembrare i lati dei volti di profilo (la visione laterale di un viso). Se guardi il vaso, i volti si confondono con lo sfondo e il vaso risalta. Ma se guardi i volti, catturano subito l'attenzione, mentre il vaso si confonde con lo sfondo e non sembra quasi più un vaso.

Riesci a vedere due volti in questo albero? E nel torsolo di mela? Cerchiali.

Riesci a vedere dei volti nell'immagine della farfalla qui sotto? Se hai bisogno di un indizio, guarda in fondo alla pagina.

INDIZIO: Prova a coprire il corpo della farfalla e a ruotare il libro di lato. Ora li vedi?

GATTO O CANE?

Questa illusione **perfetta** è composta da immagini piccole all'interno di una più grande. Cosa vedi?

Quanti gatti vedi in questa immagine? E quanti cani?

EHI, CHE SUCCEDE?

Se ti concentri su questo disegno nel complesso, dovresti vedere il muso di un cane che ti guarda. Ma se lasci che la parte bianca si confonda con lo sfondo, all'improvviso vedrai due gatti inclinati! Ancora una volta, il cervello passa da un'interpretazione all'altra della stessa immagine.

Usa la griglia per disegnare un'immagine a specchio di questo disegno. Che forma hai creato al centro?

DENTRO O FUORI?

In queste immagini, la tua messa a fuoco può cambiare il modo in cui vedi la loro **angolazione**. Prova... Sei dentro o fuori?

Vedi il dorso di questo libro balzare fuori dalla pagina? O vedi l'interno del libro e le sue pagine venire verso di te?

EHI, CHE SUCCEDE?

Il cervello vede il mondo in 3D, quindi cerca di vedere così anche le immagini. Questo disegno può essere sia l'esterno che l'interno in 3D, quindi il cervello passa da un'interpretazione all'altra!

Decora questa immagine! Cambia il modo in cui vedi l'illusione?

Vedi questo volto frontale o di profilo?

E questa foto qui sotto? È un viso, giusto? Colora il lato destro con un pennarello nero, il più nero possibile, usando le linee come guida. Ora cosa vedi?

DUPLICE SIGNIFICATO

Queste illusioni sono doppiamente fantastiche! L'arte in questa stanza ha un **duplice significato**, se osservata nel complesso da una certa angolazione, perché il cervello umano è programmato per riconoscere un volto in ogni cosa!

FINE

Attraversa il labirinto, dal naso fino alle assi del pavimento.

EHI, CHE SUCCEDE?

Questa stanza creata dal famoso artista Salvador Dalí si chiama Il volto di Mae West. Dispose ogni opera d'arte, come anche le tende e il divano rosso dalla forma bizzarra, per ricreare un volto visibile quando si entra nella stanza.

Crea la tua illusione artistica! Trova delle cianfrusaglie inutilizzate in casa e realizza delle creazioni che sembrino dei volti se osservate dall'alto. Poi fotografale!

NASCONDINO

Alcune immagini enigmatiche sono composte da immagini nascoste in una più grande. Riesci a vederle tutte o sei troppo confuso?

Esclusa la volpe, ci sono 15 volti nascosti in questo dipinto. Trovali e cerchiali tutti. Indizio: guarda con attenzione i tronchi degli alberi e le piante!

EHI, CHE SUCCEDE?

Il cervello riconosce le forme dai bordi. In questo dipinto, The puzzled fox, *in italiano* La volpe perplessa, *degli artisti Currier e Ives, i bordi dei tronchi, le ombreggiature astute sulle piante e persino gli spazi tra loro sono progettati per rivelare immagini nascoste.*

In questo bel disegno si nasconde un animale. Colora ogni forma segnata con un puntino e scopri qual è!

CHE IBRIDI!

Un ibrido è un mix di due cose. In questo caso, la combinazione di queste foto vuole confonderti il cervello. Per una volta, non guardare con attenzione...

Chi vedi guardando questa foto? Metti il libro dritto su una mensola o su un tavolo, spostati dall'altra parte della stanza e osserva di nuovo l'"immagine. Adesso chi vedi?

EHI, CHE SUCCEDE?

In realtà, questa immagine sono due foto una sopra l'altra: una foto nitida e dettagliata dello scienziato Albert Einstein e una vaga della famosa attrice Marilyn Monroe. Da vicino, il cervello si concentra sui dettagli nitidi e vede Einstein, ma se ti allontani, questa foto diviene confusa e i tratti di Marilyn Monroe sono più visibili.

Che animale vedi in questa foto? Spostati dall'altra parte della stanza: ora che animale vedi?

QUESTO E QUELLO!

Adesso questo O quello diventa **questo E quello**! Invece di due immagini all'interno di una, qui troverai delle immagini che diventano una.

Sorreggi il libro con le braccia dritte davanti a te. Fissa lo spazio tra gli uccellini. Avvicina il libro lentamente, continuando a fissare tra i due animali. Alla fine dovresti vedere gli uccellini avvicinarsi, i becchi che si toccano e si baciano!

EHI, CHE SUCCEDE?

Man mano che avvicini il libro al viso, i due uccellini cominciano ad avvicinarsi e alla fine si sovrappongono. I tuoi occhi non possono mettere a fuoco le due immagini nitide se le guardi così da vicino!

Trasforma due immagini in una con del cartoncino e uno spago.

❶ Ritaglia il cartoncino a forma di quadrato e fai un foro su entrambi i lati, come qui sopra.

❷ Infila lo spago in un foro e fai un laccio ad anello. Fai la stessa cosa dall'altro lato così avrai un secondo laccio.

❸ Disegna una cuccia semplice al centro del cartoncino.

❹ Gira il cartoncino e disegna un cagnolino al centro. La cuccia sull'altro lato del cartoncino dovrebbe essere capovolta.

❺ Attorciglia i lacci più stretti che puoi e tienine uno per mano, usando il pollice e l'indice per girare le estremità in direzioni opposte.

❻ Tira lo spago da entrambe le parti, così il cartoncino può girare. Guarda con attenzione: le due immagini sembrano una sola! Il cane dovrebbe apparire nella cuccia.

INGANNI DELLA VISTA

Come fanno tutte queste illusioni a ingannare il cervello?
Si tratta di giocare brutti scherzi alla vista e sapere come funzionano normalmente.

Muovi un dito davanti ai tuoi occhi.

1. Solleva un dito davanti a te.

2. Copri un occhio con l'altra mano e guarda il dito.

3. Ora copri l'altro occhio senza muovere il dito o gli occhi. Hai visto il dito muoversi?

EHI, CHE SUCCEDE?

Ogni occhio vede in modo leggermente diverso rispetto all'altro: quando usi un occhio alla volta, la visione del dito cambia! Molte illusioni giocano con questa cosa per far muovere le immagini davanti a te o confonderti.

Anche il punto cieco è un modo per giocare con la vista. Trova il tuo!

1. Solleva il libro davanti ai tuoi occhi.

2. Copri l'occhio sinistro e fissa il puntino con l'occhio destro. Dovresti vedere la stella con la coda dell'occhio.

3. Allontana lentamente il libro da te, mentre continui a fissare il puntino con l'occhio destro.

4. La stella dovrebbe sparire! Questo è il tuo punto cieco.

EHI, CHE SUCCEDE?

Ogni occhio ha un punto cieco: un posto in cui non vede niente. Di solito non lo noti, perché gli occhi lavorano insieme e si coprono a vicenda per una visione completa del mondo. Ma quando copri un occhio, è facile individuare il punto cieco!

TESTE NASCOSTE

Molti artisti di illusioni nascondono interi volti nelle loro opere; per trovarli devi solo capovolgerle! Quest'arte fa letteralmente... **girare la testa!**

Cosa vedi osservando questo dipinto? Capovolgi il libro: e ora cosa vedi?

EHI, CHE SUCCEDE?

L'artista Giuseppe Arcimboldo amava nascondere delle teste nelle sue opere. In questa, il cervello non riesce a immaginare l'immagine capovolta della ciotola di verdure, quindi, quando la capovolgi, il volto umano ti sorprende.

SOLUZIONI

PAGINA 8 – FORME ROTANTI

PAGINA 18 – IMMAGINI FLUTTUANTI

PAGINA 22 – PERCHÉ SI RESTRINGE?

PAGINA 28 - FORME SFUGGENTI

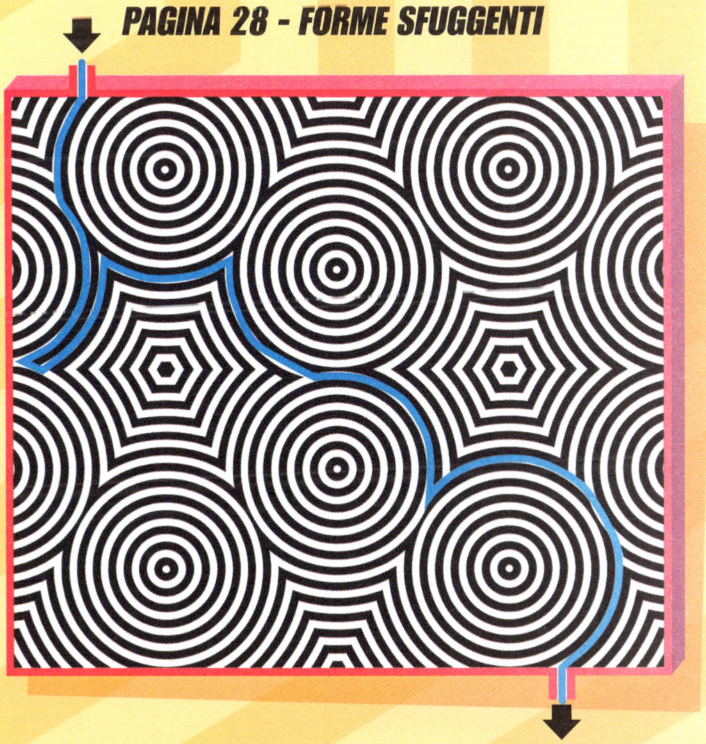

SOLUZIONI

PAGINA 34 – MISURE ILLUSORIE

Ogni coppia di oggetti è della stessa misura.

PAGINA 38 – LA PROSPETTIVA

Tutti gli uomini sono alti uguali.

PAGINA 45 – CHE FACCIA!

PAGINA 67 – FOTO PAZZE

La ragazza è diversa nella foto 4.

PAGINA 77 – VOLTO O VASO?

PAGINA 82 – DUPLICE SIGNIFICATO

PAGINA 84 – NASCONDINO

PAGINA 85 – NASCONDINO

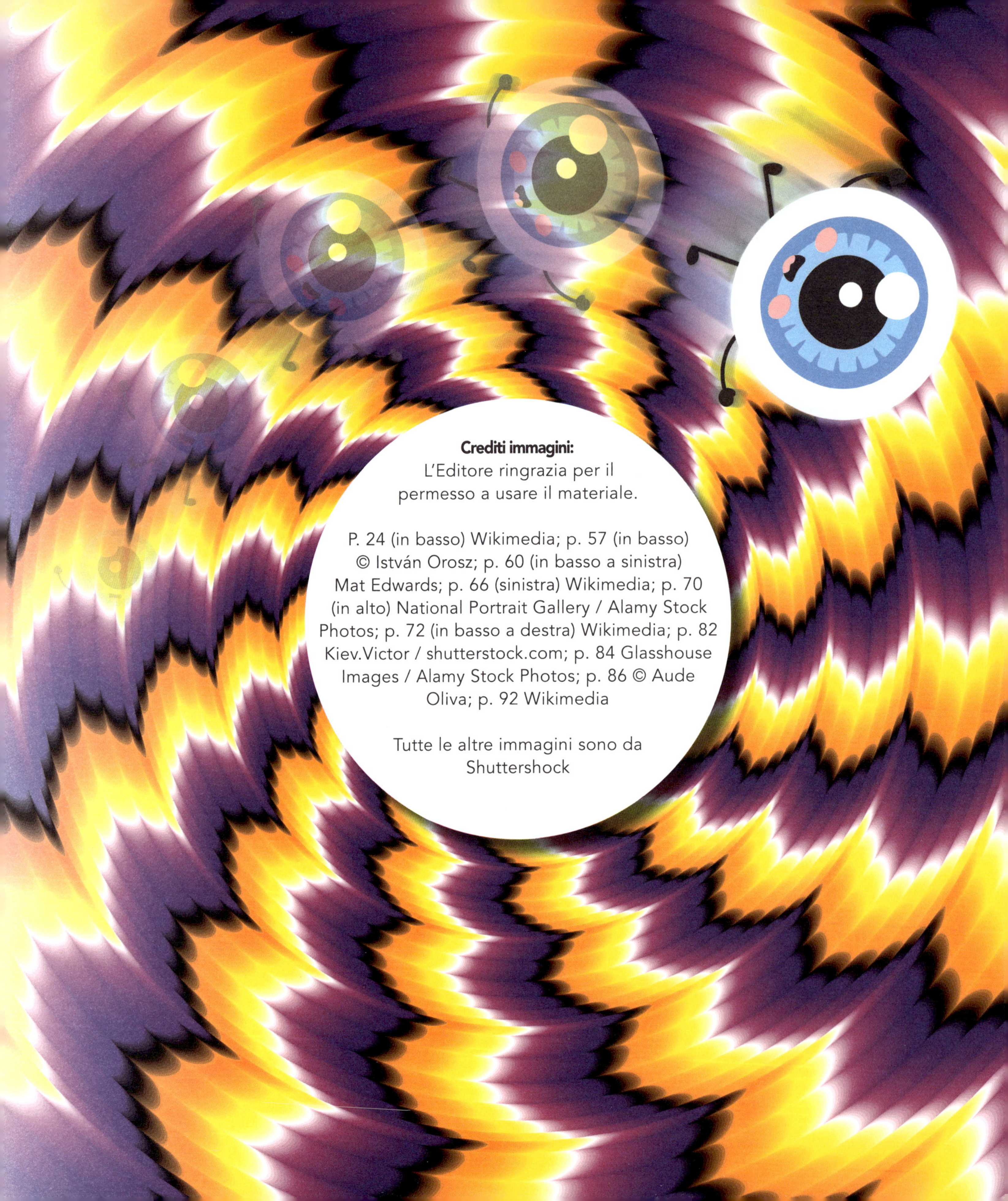

Crediti immagini:
L'Editore ringrazia per il permesso a usare il materiale.

P. 24 (in basso) Wikimedia; p. 57 (in basso) © István Orosz; p. 60 (in basso a sinistra) Mat Edwards; p. 66 (sinistra) Wikimedia; p. 70 (in alto) National Portrait Gallery / Alamy Stock Photos; p. 72 (in basso a destra) Wikimedia; p. 82 Kiev.Victor / shutterstock.com; p. 84 Glasshouse Images / Alamy Stock Photos; p. 86 © Aude Oliva; p. 92 Wikimedia

Tutte le altre immagini sono da Shuttershock